VÉRITABLE

LANGAGE ALLÉGORIQUE

DES FLEURS,

des Plantes, des Fruits, etc.,

ÉDITION

destinée aux jeunes personnes

par BLISMON.

A PARIS,

chez DELARUE, Libraire, quai des Augustins, 11.

BOUQUET DE LISERONS TRICOLORS.

Pensées mondaines.

VÉRITABLE

LANGAGE ALLÉGORIQUE

DES FLEURS,

des Plantes, des Fruits, etc.,

ÉDITION

destinée aux jeunes personnes

par BLISMON.

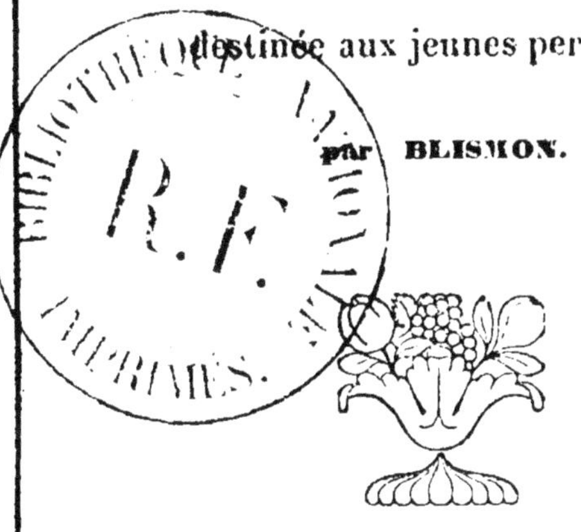

PARIS,

chez DELARUE, Libraire, quai des Augustins, 11.

TYP. DE BLOCQUEL, A LILLE.

BOUQUET DE PENSÉES, D'IMMORTELLES ET DE MYOSOTIS.

Dieu seul occupera ma pensée ; il m'aime, je l'aimerai toujours.

AVIS DE L'ÉDITEUR.

Parmi les ouvrages qui ont été publiés sur le langage des fleurs (*), sur les symbôles ou les emblêmes, aucun n'a encore été jusqu'ici, spécialement rédigé pour les jeunes demoiselles, et cependant, ou il fallait mettre entre leurs mains des livres qui ne

(*) Le langage des fleurs est connue de presque tous les peuples. Les unes sont consacrées à de pieux souvenirs, d'autres sont destinées à rappeler des idées de gloire et de bonheur, toutes offrent une allégorie qu'il importe de bien connaître si l'on veut éviter de fâcheuses allusions.

Les personnes qui s'occupent de dessin, de peinture ou de broderies, et celles qui s'amusent à faire des fleurs artificielles pour en composer des bouquets, ont très-souvent besoin de consulter les livres qui traitent du langage des fleurs, des emblèmes, etc.

convenaient pas à leur âge, ou il fallait les priver des renseignements qui pouvaient leur être utiles dans plusieurs circonstances, notamment lorsqu'elles désiraient faire emploi de l'allégorie pour exprimer leurs sentiments de respect, de reconnaissance, d'estime ou d'amitié, soit à leurs parents, soit à leurs bienfaiteurs ou à leurs amies intimes.

Les mères de famille et les Dames, maîtresses de pension, nous sauront gré je pense, d'avoir pris l'initiative d'une publication qui comble une lacune regrettable.

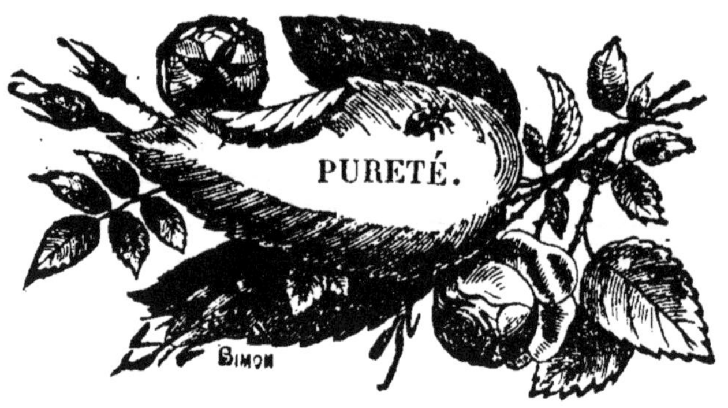

MANIÈRE
DE GROUPER LES FLEUR
POUR EN FAIRE RESSORTIR
LES BEAUTÉS.

La nature si variée dans ses ouvrages offre un nombre infini d'objets à notre admiration; mais, de toutes ses productions, les fleurs sont celles qui nous charment le plus agréablement. Maintenant nous ne les regardons plus comme entièrement inanimées, l'une fuit la main indiscrète qui veut la toucher, l'autre aussi pudique, célèbre son hymen au fond des eaux ; d'autres enfin recherchent l'éclat du jour, et semblent sommeiller lorsqu'il les abandonne. Nous avons un plaisir infini à les voir ; mais elles offrent à l'artiste qui les étudie, mille charmes de plus ; et si des lois sont dictées par l'art à celui qui les peint, pourquoi ne pas recourir aux mêmes règles pour les disposer avec grâce dans une corbeille qui doit être offerte, ou dans un vase destiné a l'ornement d'un salon, que les fleurs soient artificielles, ou qu'on ait eu le plaisir de les cueillir !

Si l'on veut grouper les fleurs, c'est au centre que l'on doit placer les plus belles et les plus grandes, puis les moyennes, ainsi de suite jusqu'aux plus petites qui doivent être aux extrémités : cependant, pour lier agréablement le tout ensemble, il faut avoir soin de glisser de petites fleurs entre les grandes et les moyennes, et de bien opposer les couleurs, telles que le pourpre, le violet, le lilas et le bleu clair, près du jaune, si c'est la couleur des principales fleurs.

Le jaune tendre, le couleur de chair, le bleu et le blanc, près du rouge.

Avec le violet : le rose, l'orangé, le jaune tendre et le blanc feront un bon effet.

Avec le bleu, il faut choisir le pourpre, l'orangé, le jaune tendre et le blanc.

Il faut éviter de placer près l'une de l'autre deux couleurs principales, comme le jaune foncé, le carmin et le bleu.

On remarquera que le vert foncé fait bien près des couleurs claires, et le vert clair près des couleurs sombres.

Dans un jour anniversaire où l'on se plaît à payer un tribut d'amour à ses parents, à l'amitié, si l'on veut orner de guirlandes de fleurs un appartement, on s'attachera à donner aux festons une forme gracieuse. Ils doivent être renflés dans le milieu, et aller en diminuant jusqu'aux extrémités : on placera, comme pour les bouquets, les fleurs les plus belles par leur grandeur et leur couleur, au centre; ensuite, celles de moindre dimension, comme je l'ai déjà indiqué. On mettra à côté l'une de l'autre les couleurs qui, après leur opposition, soient amies, en se servant de fleurs pour nuancer la guirlande, comme si c'était des couleurs disposées sur une palette; de cette manière, les fleurs moins belles serviront à faire valoir la beauté des autres. Les fleurs simples se placent de préférence aux extrémités; et le bon goût qui indiquera que les fleurs panachées doivent être placées à côté de celles de couleurs unies, suppléera à tout ce qui manque à cet article que la brièveté de l'ouvrage ne me permet pas d'étendre davantage.

AMMI.

Acreté. — Déloyauté.

ANANAS.

Perfection. — Vrai mérite.

ANÉMONE.

Candeur. — Persévérance.

ANETH.

Force. — Confiance en Dieu.

DES BOUQUETS ALLÉGORIQUES.

Les bouquets allégoriques sont formés de fleurs dont la réunion peut rendre une pensée, ou exprimer un sentiment de respect, de reconnaissance, d'amour filial, etc.

Nous allons en donner deux exemples.

BOUQUET A LA RECONNAISSANCE.

Ce bouquet pourrait être composé ainsi : une branche de figuier, unie à la verveine pour marquer la reconnaissance et la pureté des sentiments ; une tige de fleur de lin annoncerait que le cœur sent tout ce qu'il doit; du buis, la solidité et la durée de l'attachement ; le géranium peindrait l'estime parfaite ; de la camomille romaine, pour désigner que l'on désire se rendre digne des services que l'on a reçus ; une branche de vigne-vierge ou douce-amère, pour la sincérité de l'âme ; les petites fleurs de la myosotis exprimeraient la crainte d'être oublié ; des fleurs de tamier ou sceau de Notre-Dame réclameraient de nouveau la protection ; des feuilles d'ormeau témoigneraient la considération et le respect ; et enfin, des immortelles et des pensées, dont on connaît la signification : mais, pour embellir ce bouquet, on pourrait y ajouter des œillets et des roses.

BOUQUET D'AMOUR FILIAL.

C'est aujourd'hui la veille d'un heureux jour pour nous, mon frère ; tu vois que je veux parler de la fête de maman. Quel plaisir nous allons goûter en lui donnant notre bouquet ! tu sais avec quelle satisfaction elle le recevra. Descendons au jardin, et choisissons les fleurs les plus belles et les plus fraîches : commençons par cueillir ce joli muguet ; c'est bien le retour du bonheur pour nous. Oh oui, ma sœur, tiens, coupe cette belle branche de géranium qui répand une si douce odeur ! maman m'a dit souvent que cette plante exprimait les plus beaux sentiments. Cette giroflée qui marque la simplicité de nos cœurs ! cette jolie tige d'héliotrope ! Oh ! nous aimons bien maman plus que nous-mêmes ; ces immortelles lui diront que nous la chérirons toute la vie, ces beaux œillets (1) lui exprimeront notre amour ; et ces deux boutons de rose, c'est nous, mon frère ; ôtons-en soigneusement les épines

(1) Amour pur.

pour ne pas déchirer ses jolies mains : viens dans la prairie, mon bon Jules, nous y prendrons quelques joncs (1); tu sais bien ce que cela veut dire ? Aussitôt dit aussitôt fait ; ils attachent donc leur bouquet avec des joncs, le posent sur un lit de mousses (2), après l'avoir enveloppé de feuilles vertes (3) : Ah ! ma sœur, nous avons oublié la fleur favorite de maman, la pensée : aussi tu me presses tant ! Vite ils détachent le bouquet, et y joignent les plus belles pensées ; ensuite ils enlacent leurs petits bras, et s'en vont tout fiers porter leur offrande. Heureuse mère ! quels délicieux sentiments tu vas éprouver !!!

---

(1) Docilité.
(2) Sensations douces, sensations heureuses.
(3) Espérance.

ALLÉGORIE

DES PLANTES, DES FEUILLES,

DES FLEURS ET DES FRUITS.

☞ Voyez page 79 et les suivantes pour les autres fleurs et plantes allégoriques.

Absynthe citronnelle.— Préservatif. J'éloignerai de vous les méchants.
Absynthe vulgaire.— Vous m'abreuvez d'amertume. Amertume. Absence. Chagrin.
Acacia.— Sagesse. Mystère. Prompt succès.
Acacia blanc. — Inquiétude.
Acacia pudique ou Sensitive. — Extrême sensibilité. Pudeur. Fuite du monde.
Acacia rose. — Élégance.
Acanthe branc-ursine.— Nœuds indissolubles. Amour des beaux-arts.
Achillée mille-feuilles.— Guérison.
Aconit. — Vous me donnez la mort.

Adonide. — Souvenir douloureux.
Agavé. — Sûreté.
Agneau chaste (*Agnus castus*). — Chasteté.
Alizier. — Accord. Soyons d'accord.
Aloès sucotrin. — Botanique. Amertume. Douleur.
Aloès bec de perroquet. — Caquet.
Alouette (*pied d'*). — Confiance.
Althéa. — Persuasion.
Ayrelle myrtile. — Trahison.
Alysse Saxatile. — Tranquillité.
Alysse des rochers, *vulgairement la Corbeille d'or.* — Calme. Tranquillité.
Amandier commun. — Douceur inaltérable.
Amaranthe. — Constance. Immortalité.
Ambroisie. — Immortalité. Perfection.
Ammomum. — Flatterie.
Amum des jardiniers ou Morelle-Cerisette. — Beauté sans bonté.
Ancolie. — Hypocrisie. Folie.
Anémone. — Candeur. Persévérance.
Anémone des prés. — Maladie.
Anémone hépatique. — Confiance.
Aneth. — Force. Confiance en Dieu.
Angélique. — Extase. Inspiration.
Ansérine ambroisie. — Insulte.
Argentine. — Timidité. Réparation.
Armoise ou Asternal. — Naïveté. Heureux voyage. Bonheur.
Arrête-Bœuf ou Bugrane. — Entraves.

BOUQUET D'ŒILLETS DES JARDINS.

Amour divin. — Vous inspirez les sentiments les plus purs.

CENTAURÉE BLUET.

Félicité. — Récompense des justes.

CHÈVRE - FEUILLE.

Liens de l'âme fidèle.

COQUELICOT.

Sommeil de l'âme. — Repos.

Arum gobe-mouche. — Piège.
Asphodèle — Regret.
Aster à grande fleur. — Arrière-pensée.
Aubépine. — Doux espoir. Prudence. Sincérité. Courage.
Baguenaudier. — Paresse. Amusement frivole.
Balsamine. — Prévoyance. Constance.
Barbeau ou Bluet des blés. — Vous m'éclairez. Délicatesse. Mélancolie. Pureté de sentiment.
Barbeau blanc. — Délicatesse.
Barbeau des jardins. — Education. Délicatesse.
Bardane. — Importunité.
Basilic (bouquet de). — J'en suis fâché.
Basilic, — Vous me rendez le courage. Pauvreté.
Baume des jardins ou Menthe. — Vertu.
Belle-de-nuit. — Timidité.
Blé (épi de). — Espoir. Fertilité. Richesse.
Bluet des blés ou Barbeau. — Vous m'éclairez. Délicatesse. Mélancolie. Pureté de sentiments.
Boramaise. — Trésor mérité.
Bouillon-Blanc ou Molène. — Bon naturel. Santé.
Boule-de-Neige. — Ennui. Refroidissement. Naïveté de l'enfance.
Bouquet (le). — Préservateur des dangers.

Bourrache.— Energie. Brusquerie.
Bouton d'argent.—Franchise. Bienfaisance.
Bouton d'or.— Richesse. Ingratitude. Critique. Raillerie.
Branc-Ursine ou Acanthe. — Nœuds indissolubles. Amours des beaux-arts.
Brium rural.— Protection.
Bruyère commune. — Solitude. Je cherche la solitude.
Bruyère (fleur de).— Humilité.
Buglosse.— Mensonge.
Bugrane, vulgairement Arrête-Bœuf. — Entraves.
Buis.—Solidité. Durée. Ancienneté.
Caille-lait.— Patience.
Calamante.— Félicité.
Camelia.— Reconnaissance.
Camomille romaine.— Amertume. Rapprochement. Intégrité de sentiments. Désir de reconnaître les services qu'on a reçus.
Campanule. — Flatterie. Indiscrétion.
Capillaire.— Discrétion.
Capucine. — Raillerie.
Capucine jaune.— Discrétion.
Cèdre. — Majesté.
Célosée à crête. — Immortalité.
Centaurée musquée, ou fleur du grand seigneur. Vous inspirez la confiance.
Centaurée bluet. — Félicité. Récompense des Justes.

Cérisier.— Indépendance. Bonne éducation.
Chanvre.— Utilité. Objet nécessaire.
Chardon.— Critique. Austérité.
Charme.— Ornement. Embellissement.
Châtaignier.— Equité.
Chêne. — Hospitalité.
Chêne (fleur de). — Force morale: Protection. Récompense. Amour de la patrie. Puissance.
Chicorée. — Frugalité.
Chicorée sauvage.— Amertume.
Chiendent.— Persévérance.
Chrysanthème. — Difficulté.
Ciguë.—Trahison. Méchanceté. Inconduite.
Cinnamomum. — Chasteté.
Citronnelle. — Préservatif. J'éloignerai de vous les méchants. Félicité.
Clochette.— Bavardage.
Clochléaria. Utilité.
Cocrette des près.— Entêtement.
Cognassier.— Bonheur. Fécondité.
Colonne d'Egypte.-- Lointain.
Consoude. — Sentiment inaltérable.
Coquelicot, ou pavot rouge.— Repos. Calme de l'âme. Reconnaissance.
Corbeille d'or, ou Alysse des rochers. — Calme. Tranquillité.
Coriandre.— Mérite caché.
Cormier, ou Sorbier domestique. — Prudence.

Cornouiller.— Durée.
Coucou.— Présage.
Coudrier.— Réconciliation.
Coudrier, ou Noisetier.— Erreur.
Courge (la fleur de).— Apparence.
Couronne de roses. — Récompense de la vertu.
Couronne impériale.— Fierté sans douceur. Puissance.
Croix de Jérusalem. — Douleur. Voyage.
Croix de Malte.—Couronne. Honneur. Fidélité à toute épreuve.
Cyprès. — Larmes. Regrets. Deuil. Désespoir. Mort.
Dahlia.— Nouveauté.
Datura, ou Stramoine. — Déguisement. Artifice.
Datura blanc.— Science.
Diadème de Crète.— Idée brillante. Pensée ingénieuse.
Digitale.— Salubrité. Occupation.
Double-feuille, ou Omphis. — Consolation dans l'affliction.
Douce-amère.— Vérité.
Ebénier.— Noirceur.
Ebénier fleuri.— Souplesse. Grâces.
Ellébore (voyez Hellébore).
Epatique.— Confiance. Apathie.
Ephémérine de Virginie. — Bonheur éphémère.

Epi de froment.— Abondance.
Epilobe à épi.— Production.
Epine. — Remords. Insouciance.
Epine noire.— Difficulté.
Epine vinette.— Repentir. Aigreur. Désespoir.
Epis.— Moissons.
Erable.— Réserve.
Erable de montagne , ou Sycomore.— Harmonie.
Eternelle.— Immortalité.
Eupatoire. — Amour paternel.
Euphorbe.— Humeur caustique.
Euphrasia.— Bonheur futur.
Faine. — Trahison.
Fayard , ou Hêtre.— Prospérité.
Fenouil. — Force.
Feuille morte.— Mélancolie.
Feuilles vertes.— Espérance.
Feuilles vertes (bouquet de). — Botanique.
Figuier. — Modestie. Reconnaissance. Hospitalité.
Fleris pendis.—Assemblage de tous les dons.
Fleur du grand Seigneur , ou Centaurée musquée.— Vous inspirez la confiance
Fougère.— Incertitude. Mérite. Sincérité.
Foie blanc.— Etourderie.
Fraises.— Bonté parfaite.
Fraxinelle. — Feu.
Frêne. — Grandeur.

Frêne (fleur de). — Obéissance.
Fuchsie.— Fragilité.
Galantine perce-neige.—Annoncé. Heureux présage.— Consolation.
Galéga. — Raison.
Garance.— Calomnie.
Gatilier commun, ou Agneau chaste. — Chasteté.
Gazon d'Espagne.—Humilité.
Genêt d'Espagne. — Je sais apprécier vos talents. Propreté. Faible espoir.
Genette.— Espérance trompeuse. Flatterie.
Génévrier.—Reconnaissance. Asile. Secours.
Génévrier (fruits du).— Ingratitude.
Géranium citronné. — Caprice. Tyrannie.
Géranium écarlate.— Sottise.
Géranium musqué. — Estime. Amour filial.
Géranium triste ou rosé.—Mélancolie. Langueur.
Gerbe blanche.— Sécurité.
Giroflée de muraille, ou Giroflée simple. — — Simplicité. Fidélité au malheur.
Giroflée des jardins, ou Violier. — Bonheur. — Sympathie.
Giroflée d'été, ou quarantaine. — Dépit. Mouvement coupable.
Giroflée jaune.— Préférence. Luxe.
Giroflier. — Dignité.
Gnopale.—Souvenir.
Gouet gobe-mouche.— Piège.

EUPHRASIA.

Bonheur futur.

FLEUR D'ORANGER.

Chasteté. — Amour de Dieu et du prochain.

GERMANDRÉE.

La Réflexion mène à l'amour de Dieu.

GIROFLÉE QUARANTAINE.

Dépit. — Mouvement coupable.

Gramen. — Récompense de la valeur.
Grateron. — Rudesse.
Gratiole officinale, ou Herbe au pauvre homme. — Humanité.
Grenadier (fleur du). — Fatuité. Orgueil.
Grenadier (fruit du). — Honneur. Union. Concorde.
Grenadille bleue. — Croyance.
Groseiller. — Reconnaissance.
Gueule de Loup. — Politique.
Gui. — Parasite.
Guimauve. — Douceur extrême. Persuasion. Bienfaisance.
Hébérine ou Julienne. — Résignation.
Hélénie. — Pleurs.
Héliotrope. — Mon Dieu je vous aime plus que moi-même. Amitié sincère.
Hellébore. — Folie. Négligence coupable.
Hellébore à fleur rose, vulgairement Rose de Noël. — Consolation. Bel esprit.
Hépatique. — Confiance. Apathie.
Herbe au pauvre homme, ou Gratiole officinale. — Humanité.
Herbe sacrée, ou Verveine. — Pureté de sentiments.
Herbette. — Instruction.
Hêtre ou Fayard. — Prospérité.
Hortensia. — Insouciance. Indifférence.
Houblon. — Injustice. Léger. Evaporé.
If. — Tristesse.

Immortelle. — Toujours. Reconnaissance. Eternité. Souvenir éternel.
Iris bulbeuse.— Éloquence.
Iris demi-close.— Espoir.
Ivraie ou Zizanie.— Vice.
Jasmin blanc.— Candeur. Esprit.
Jasmin jaune.— Bonheur.
Jasmin de Virginie. — Pays lointain.
Jonc des rivières. — Navigation.
Jonc des champs.— Docilité.
Joubarbe des toits. — Vous êtes bienfaisant sans ostentation. Esprit.
Jusquiame. — Perfidie. Méchanceté. Défaut.
Ketmie des jardins. — Beauté constante.
Laîche.— Perfidie.
Larmes de Job.— Longue absence. Séparation. Eloignement.
Laurier amande.— Perfidie.
Laurier franc.— Victoire. Clémence. Gloire.
Laurier (feuille de). — Félicité assurée.
Laurier Thym.— Pureté de sentiments.
Lavande (feuille de).— Délicatesse.
Lichnis.— Bonheur des champs.
Lierre.— Amitié. Je meurs où je m'attache.
Lilas blanc.— Innocence.
Lin.— Je sens tous vos bienfaits.
Lin (fleur de).— Simplicité.
Lis blanc. — Innocence. Pureté. Noblesse. Fierté. Majesté.

Lis jaune.— Inquiétude.
Lis rose.— Vanité. Rareté.
Lis (fleur de).— Amour filial.
Liseron. — Heureux hasard.
Liseron des champs.— Humilité.
Loréade. — Douleur extrême.
Lotus.— Eloquence.
Luzerne arborescente.—Les bonnes actions survivent aux siècles.
Mancenillier—Serpent caché sous des fleurs. Fausseté.
Marguerite. — Patience et tristesse.
Marguerite des champs.— Innocence.
Marguerite des jardins. — Adieu. Tristesse.
Maronnier d'Inde.— Luxe.
Maronnier.— Sombre mélancolie.
Maronnier (fleur de).— Génie. Noblesse de sentiments.
Matisda.— Objet désagréable.
Mauve (grande).— Amour maternel. Humanité.
Mélèze.— Audace.
Menthe, ou Baume des jardins.— Vertu. Chaleur de sentiments.
Ményanthe.— Calme. Repos.
Mignonnette. — Gaieté.
Mille-feuilles, ou Achillée.— Guérison.
Millepertuis. — Oubli. Oublions le passé. Originalité.

Molène, vulgairement Bouillon blanc. — Bon naturel.

Morelle cerisette, ou Amum des jardiniers; dans quelques pays Pomme d'amour. — Beauté sans bonté.

Morelle douce-amère, ou Vigne-vierge. — Sincérité. Franchise. Vérité.

Morène, ou Passe-rose. — Bien-être qui remplace grande peine.

Moriante. — Charme de la pêche

Mousses. — Amour maternel.

Muflier des jardins, vulgairement Mufle de veau. — Présomption. Grossièreté.

Muguet. — Légèreté. Fatuité.

Muguet de Mai. — Retour du bonheur.

Muguet anguleux, vulgairement Sceau de Salomon. — Discrétion. Secret.

Murier (Feuille de). — Prudence.

Murier blanc. — Prudence. Merveille. Sagesse.

Murier noir. — Dévouement.

Myosotis. — Ne m'oubliez pas.

Narcisse. — Egoïsme. Fatuité. Amour de soi-même.

Nélombo. — Sagesse.

Nénuphar blanc. — Eloquence.

Nerprun. — Garantie.

Noisetier. — Erreur. Réconciliation.

Noyer. — Vous possédez des qualités essentielles. Religion.

Noyer (fleur de).— Projets ambitieux.
Œillet incarnat des jardins. Réciprocité. Quelquefois rivalité.
Œillet jaune des jardins. — Dédain. Exigence.
Bouquet de la même fleur. Amour pur.
Œillet ponceau des jardins.— Horreur.
Œillet musqué, vulgairement Mignardise. — Souvenir passager.
Œillet de la Chine.— Aversion.
Œillet de haie.— Je chante les louanges de Dieu.
Olivier d'Europe.— Paix. Sagesse.
Olivier (fruit de l').— Charité.
Omphis ou double-feuille. — Consolation dans l'affliction.
Onotéro.— Surprise.
Ophrise araignée. — Adresse.
Oranger (fleur d'). — Pureté. — Générosité. Candeur. Magnificence.
Oranger (le fruit).— Beauté. Douceur.
Oreille de souris. — Amabilité.
Orme, ou Ormeau (feuille d').— Considération. Distinction. Respect. Vigueur.
Ornythogale pyramidale. — Pûreté.
Ortie blanche.— Sobriété.
Osier.— Souplesse. Docilité. Franchise.
Osmonde. — Rêverie.
Ougan. —Coloris.
Oxalide.— Alleluia. Joie.

Oxte. — Ame souffrante.
Paille brisée.— Rupture.
Paille entière. — Union.
Palme de Christ. — Innocence opprimée.
Palme.— Victoire. Martyre.
Palmier. — Victoire. Constance dans l'adversité. Dignité. Je vous distingue.
Paquerette simple.— Innocence.
Paquerette double.— Affection.
Parnassie. — Vous êtes dans le sentier de la gloire.
Passe-rose. — Apparence.
Passiflore.— Croyance.
Patience. — Patience.
Pavot blanc.— Soupçon.
Pavot rouge, ou Coquelicot. — Repos. Calme de l'âme. Reconnaissance.
Pavot panaché.— Surprise.
Pavot somnifère ou des jardins.— Paresse. Sommeil. Langueur.
Pensée , ou Violette pensée. — Je pense à vous. Souvenir expressif. Pensée.
Perce-neige. — Espoir. Consolation.
Persicaire. — Vigilance.
Persil (fleur de).— Festin.
Persil (feuille de). — Discorde.
Pervenche. — Amitié de toute la vie. Doux souvenirs.
Peuplier. — Plaintes. Murmure. Jeunesse. Courage ou dévouement d'amitié.

GOUTTE DE SANG.

Charité — Amour de Dieu et du prochain.

HÉLIOTROPE.

Amitié sincère. — Mon Dieu, je vous aime plus que moi-même !

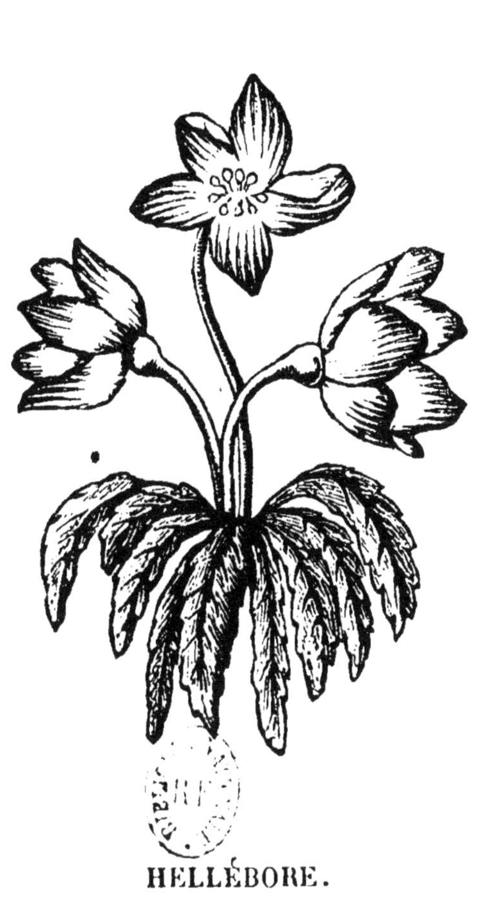

HELLÉBORE.

Folie. — Négligence coupable.

HORTENSIA.

Insouciance. — Indifférence.

Phalange.— Réparation.
Pied d'Allouette.— Légèreté.
Pin. — Longue durée. Sentiment durable.
Pissenlit.— Hardiesse. Inconséquence.
Pivoine.— Honte.
Platane.— Génie Bonheur. Ombragé.
Poirier.— L'éducation a développé vos bonnes qualités. Irrésolution.
Pois de senteur, ou Gesse odorante. — Délicatesse. Plaisirs délicats.
Pois vivaces (fleurs de).— Bétise.
Polémoine bleue, vulgairement Valérianne grecque. — Guerre. Rupture.
Polygala.— Charme de la Solitude. Ermitage.
Pomme d'Amour, ou Morelle cerisette. — Beauté sans bonté.
Pommier (fleur du).— Repentir.
Pommier (fruit du). — Choix. Préférence.
Potentille. — Faiblesse. Chûte. Imprévoyance.
Prunier.— Tenez vos promesses.
Pyramidale.— Constance de sentiment.
Quarantaine, ou Giroflée d'été.— Maladie. Pomptitude. Circonstance.
Quebis (le). — Perfidie.
Racine d'or. — Circulation.
Reine des prés.— Autorité.
Renoncule des marais. — Lustre. Brillant. Eclat.

Renoncule scélérate.— Méchanceté. Ingratitude.
Réséda.— Mérite modeste.
Rhubarbe.— Célérité.
Romarin. — Franchise. Bonne-foi. Baume consolateur.
Romaine.— Sensation pénible.
Ronces noires. — Injustice. Envie. Soucis.
Roseau.— Indiscrétion. Musique.
Roseau canne, ou des jardins. — Plaisirs champêtres. Espérance.
Roseau plumeux.— Indiscrétion. Repentir.
Rose blanche. — Innocence. Silence.
Rose blanche desséchée. — Plutôt mourir que de perdre l'innocence.
Rose capucine.— Etude. Amour des beaux-arts. Eclat.
Rose et Pensée. — Innocence parfaite.
Rose jaune.— Honte.
Rose de Mai.— Amabilité.
Rose de Noël, ou Hellébore à fleurs roses. — Consolation.
Rose trémière, ou Alcée. — Beauté noble et majestueuse. Mère de famille.
Rose sans épines. — Amitié sincère.
Rose simple.— Simplicité.
Rosier églantier. — Simplicité. Perfection en tout.
Rue sauvage.— Mœurs.
Sainfoin d'Espagne.— Choisissez vos amis.

Sapin. — Fortune. Elévation. Grandeur d'âme.

Sauge.— Toute bonne. Force.

Saule pleureur. — Mélancolie. Chagrin. Douleur amère.

Saxifrage.— Les plus beaux jours de la vie.

Sceau de Salomon, ou Muguet anguleux. — Discrétion. Secret.

Scolopendre. — Timidité.

Sensitive, ou Acacia pudique. — Fuite du monde. Pudeur. Extrême sensibilité.

Séringat. — Fraternité.

Silament. —Témérité.

Siléné attrape-mouche. — Vous m'avez trompé.

Sorbier domestique, ou Cormier. — Prudence. Danger. Intrépidité.

Souci des jardins. — Inquiétude. Soupçons. Peine. Tourments.

Soucis et Cyprès unis.— Désespoir.

Souci pluvial.— Précaution.

Staticé maritime. — Sympathie.

Sureau commun, Hiéble.— Vous me consolez de toutes mes peines. Bienfaisance.

Sycomore ou Erable des montagnes — Harmonie. Espérance et Soucis.

Tamier, sceau de Notre-Dame. — Soyez mon appui.

Taget, ou Œillet d'Inde.—Vous avez, quoique jeune, la prévoyance de l'âge mûr.

Ténésia.— Résistance.
Térébenthine. — Perdre. Perdu.
Thuya.— Vieillesse.
Thym. — Activité.
Tigridie.— Cruauté.
Tournesol. — Reconnaissance. Mes regards sont tournés vers Dieu.
Trèfle. — Tempête.
Tilleul. — Vos bonnes qualités vous font aimer. Gaieté.
Tulipe.— Orgueil. Magnificence.
Tulipe jaune.— Orgueil. Ingratitude.
Tussilage odorant. — Justice.
Ulma.—Prison. Désespoir. Chagrin mortel.
Uvulaire. — Grandeur déchue. Orgueil puni.
Valériane rouge des jardins. — Facilité. Bienfaisance. Humanité.
Valériane grecque, ou Polémoine bleue.— Guerre. Rupture.
Verdure (la).— Espérance.
Véronique.— Sainteté. Fidélité.
Verveine, vulgairement Herbe sacrée. — Pureté de sentiments. Enchantement.
Vigne.— Oubli. Ivresse.
Vigne (feuille de).— Bienveillance.
Vigne vierge, ou Morelle douce-amère.— Sincérité. Franchise. Vérité.
Violette blanche.— Candeur.
Violette odorante.— Modestie. Humilité.

Violette odorante double. — Amitié réciproque.
Violette pensée. — Je pense à vous. Pensez à moi. Vous seul occupez ma pensée.
Violier, ou Giroflée de jardins. — Luxe.
Viorne boule-de-neige.— Calomnie.
Xochiapal.— Retour du bonheur.
Yorage.— Egoïsme.
Yvette.— Heureuse médiocrité.
Zacon.— Privation.
Zinnia. — Sagesse. Utiles précautions.
Zizanie, ou Ivraie.— Vice.

IMMORTELLE.

Souvenir éternel. — Persévérance dans la Foi.

IRIS ÉPANOUIE.

Eloquence.

Lorsque la fleur est demi-close, elle signifie espoir.

KETMIE DES JARDINS.

Beauté constante.

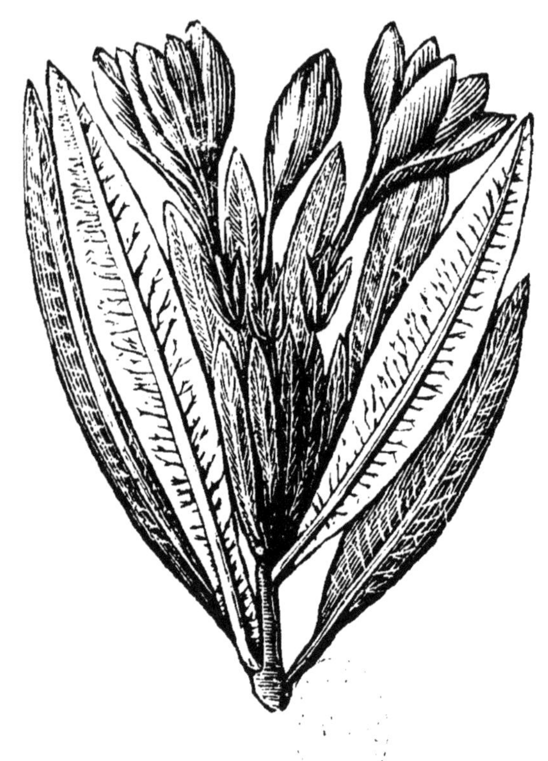

LAURIER ROSE.

Beauté et Bonté. — La vraie gloire est en Dieu.

ALLÉGORIES,

Pensées, Conseils et pieux Souvenirs

TIRÉS DU LANGAGE DES FLEURS.

NOTA. Nous avons fait une série spéciale des Fleurs allégoriques plus particulièrement employées comme emblêmes, par les personnes d'une piété généralement reconnue.

Cette série complète celle rapportée page 27 à 69; elle devra être consultée chaque fois qu'il s'agira de former un bouquet emblématique, ou de figurer une pensée religieuse, par une fleur allégorique.

Absynthe.— L'amertume de l'absinthe n'égale pas celle du pêché.

Anémone. — Candeur. Persévérance. Confiance en la Providence.

Anémone et Violette.— Persévérance. Candeur.

Aubépine.— J'espère en Dieu.

Belles de jour et de *Belles de nuit.* (*Bouquet de*). — La Constance au service de Dieu.

Bluet et Coquelicot.—Les jours de l'homme passent comme la fleur des champs.

Bouquet de fleurs assorties. — Tous mes sentiments sont pour Dieu.

Bouton de Rose. — Ma jeunesse appartient à Dieu.

Bruyère. — Humilité. Reposez-vous dans la solitude.

Camélia. — J'offre mon cœur à Dieu. Reconnaissance.

Capucine.— L'Obéissance.

Cep de Vigne.— Que Dieu nous envoie l'abondance de ses grâces ! Union à Jésus.

Chèvre-Feuille. — Liens de l'âme fidèle.

Chèvre-Feuille et Sensitive.— Aimons Dieu, soyons sensibles à ses bienfaits.

Coquelicot. — Sommeil de l'âme. Repos.

Couronne impériale.— Que cet emblême des grandeurs vous rende humbles.

Croix de Jérusalem. — Sa couleur rappelle le sang que Jésus a versé pour nous. Douleur. Pélérinage.

Eglantier.— Le plaisir n'est pas sans épines.

Epi de Blé.— Annonce de la mort.

Epines. — Générosité. Elles sont sanctifiées par la couronne du Seigneur.

Fleur de la passion.—Mon âme s'élève vers

Dieu. Chrétiens, souvenez-vous que Jésus est mort pour nous.

Fleur de l'arbre produisant la Myrrhe. — Souvenir de la naissance de Jésus.

Fleurs de l'encens d'Arabie. — Puisse ma prière s'élever comme l'encens vers le ciel.

Fleur d'Oranger.— Chasteté. Aimez la chasteté. Amour de Dieu et du prochain.

Fleur du Pommier. — Souvenez-vous que l'orgueil et la curiosité sont cause du premier péché. Repentir.

Géranium écarlate.— Folie du monde. Sottise.

Germandrée.— La réflexion mène à l'Amour de Dieu.

Giroflée des jardins et Jasmin.— Beauté et amabilité du Seigneur.

Goutte de sang.— La charité.

Grenade. — Fuyez la vanité.

Grenade et Paquerette.— Inquiétude. Humilité. Paix domestique.

Héliotrope et Myrthe.— Aimons Dieu sans partage.

Hémérocale jaune dite Bâton de Jacob. — Seigneur délivrez-nous comme vous avez délivré Jacob !

Hysope-Lavande.— Purifiez-moi avec l'hysope et je serai pûr. *Ps.* 37.

Immortelle. — Souvenir éternel. Persévérance dans la Foi.

Immortelle et Jasmin.— La couronne immortelle appartient à la vertu.

Jonquille.— Je désire m'unir au Seigneur.

Laurier.— Force chrétienne.

Laurier-Rose.—La vraie gloire est en Dieu. —Beauté et Bonté.

Lierre.— Amour de la croix.

Lilas.— Fragilité de la beauté. Mon cœur s'épanouit pour Dieu.

Lis blanc. —Pureté de Marie.— Innocence.

Liseron des champs. — Détachement du monde. Humilité.

Marguerite.— Aimez la vertu, si vous aimez Dieu.

Marguerite des champs. — Soyons humbles comme la fleur des champs. Innocence.

Mauve.— Le Seigneur adoucit mes peines.

Muguet et Lierre.— Bonheur de s'attacher à Dieu.

Myosotis. — N'oubliez pas votre vocation. N'oubliez pas les bienfaits de Dieu. Souvenez-vous de Jésus. Ne m'oubliez pas. Pensez à l'éternité. Piété.

Myosotis et Réséda. — Souvenir. Doux parfums.

Œillet.— Aimez Dieu. Mon amour est pour Dieu.

Œillet blanc et Œillet panaché. — Sentiments. Refus d'aimer le monde.

Œillet des poètes et Myosotis. — Les dons de l'esprit viennent de Dieu.

Olivier.— Pardon des injures. Charité.

Palma Christi. — Souvenir de la mort du Rédempteur.

Palmes et Roses.— Le juste fleurira comme le Palmier.

Paquerette.— Simplicité. Innocence.

Pavots. — Abandon dans l'ordre spirituel.

Pensée.— Pensez à l'avenir. Présence habituelle de Dieu dans notre cœur.

Pensée et Immortelle. — La pensée de la mort est le guide le plus sûr de la vie chrétienne.

Perce-Neige.—La fermeté dans les épreuves.

Pervenche. — Amitié de toute la vie. Doux souvenirs. Amour de la solitude.

Primeverre. — Aimez Dieu dès votre jeunesse.

Reine - Marguerite. — Aimez à penser à Dieu. Splendeur. Elégance.

Renoncule des Jardins — Les attraits du Seigneur me charment.

Ronces des bois.— Le sentier de la vertu est semé de ronces.

Roseau. — Le calme en Dieu.

Roseau et Epines.— Ces fleurs rappellent aux chrétiens la gloire du Sauveur.

Rose à cent feuilles. — Beauté parfaite. La vraie beauté est en Dieu.

Rose ardente.— Zèle pour la gloire de Dieu.
Rose blanche.— La vigilance.
Rose de Mai.— Pureté. Amabilité.
Saule-pleureur. — La pénitence.
Scabieuse.— La résignation.
Sensitive.— Puisse mon âme fuir le contact du péché. Fuite du monde.
Soucis des jardins. — Les justes ont bien des afflictions, mais le Seigneur les en délivrera. Doux abandon dans l'ordre spirituel.
Tulipe. — Orgueil. Vous qui rejetez les superbes, étouffez l'orgueil dans nos cœurs !
Tulipes et Narcisses. — Pureté d'intention.
Tournesol des jardins. — Mes regards se tournent vers Dieu, comme la fleur vers le soleil. Esprit d'oraison.
Violette.— Humilité.
Violettes couvrant un cœur enflammé. — Chérissez la modestie. Le juste cherche l'ombre et la solitude.

LILAS BLANC.

Innocence.

NARCISSE.

Amour de soi-même. — Fatuité. — Egoïsme.

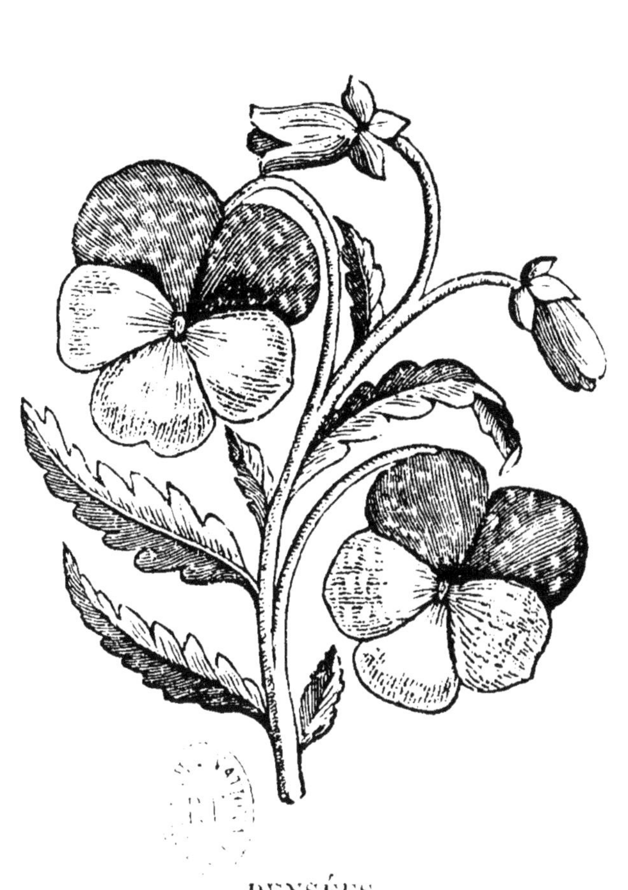

PENSÉES.

Pensez à l'avenir. — Présence habituelle de Dieu dans notre cœur.

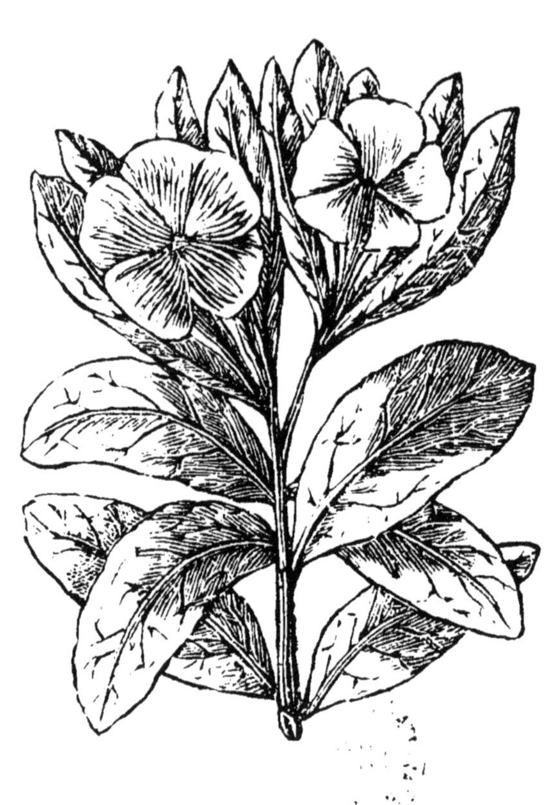

PERVENCHE.

Amitié de toute la vie. — Doux souvenirs.
Amour de la solitude.

EMBLÊMES

TIRÉS DES PERSONNAGES CÉLÈBRES.

Abel.— Innocence.
Agamemnon.— Fierté.
Alexandre. — Magnanimité. Intrépidité.
Aristarque.— Un bon critique.
Benjamin.— Enfant préféré.
Bias.— Science préférable à la richesse.
Caïn.— Envie ou haine entre frères.
Caton.— Sévérité.
César.— Courage. Grandeur d'âme.
Cicéron. — Eloquence.
Crésus. — Richesse.
Curtius.— Dévouement pour la patrie.
Daniel. — Pénétration dans les choses obscures et la divination.
David.— Douceur.
Démosthènes.— Eloquence impétueuse.
Elie.— Abstinence. Zèle.
Erostrate.— Immortalité par le crime.

II

Esther. — Modestie. Pudeur.
Eve. — Curiosité.
Jézabel. — Impuissance. Cruauté.
Job. — Patience.
Joseph. — Chasteté.
Mathusalem. — Longévité.
Mécène. — Protection accordée aux savants.
Melchisédech. — Sacerdoce et Royauté.
Moïse. — Loi.
Néron. — Cruauté.
Nestor. — Longévité et abondance dans le discours.
Pénélope. — Fidélité conjugale.
Phalaris — Cruauté.
Pharaon. — Ambition. Impiété.
Salomon. — Sagesse.
Samson. — Force.
Socrate. — Sagesse et Patience.
Vitellius. — Gloutonnerie.
Zoïle. — Critique outré, injuste et ignorant.

SYMBOLE

DES ANIMAUX.

Abeille.— Industrie. Travail.
Agneau.— Humilité. Innocence.
Aigle.— Reconnaissance. Vélocité.
Alcyon.— Bienveillance.
Ane.— Sobriété. Ignorance.
Bœuf — Agriculture Patience. Paix.
Caméléon.— Flatterie. Changement.
Chat.— Liberté. Trahison.
Cerf.— Prudence.
Cheval.— Autorité. Victoire.
Chien.— Fidélité.
Crapaud. — Injustice.
Cigogne.— Piété filiale. Reconnaissance.
Colombe.—Simplicité. Innocence. Tendresse.
Coq.— Vigilance. Activité.
Corneille.— Foi conjugale.
Dindon.— Colère.

Ecrevisse.— Prudence.
Ecureuil.— Adresse. Légèreté.
Eléphant.— Eternité. Reconnaissance.
Fourmi.— Prévoyance.
Grenouille.— Vanité. Curiosité.
Grue.— Vigilance.
Hibou.— Sagesse.
Lièvre.— Peur. Timidité.
Lion.— Reconnaissance. Force. Valeur.
Mulet.— Obstination.
Paon. — Orgueil.
Papillon. — Etourderie. Légèreté. Inconstance.
Pélican.— Bonté. Amour paternel.
Perroquet. — Indiscrétion.
Phénix.— Eternité.
Pie.— Bavardage. Vol.
Rat.— Médisance.
Renard.— Ruse. Subtilité. Finesse.
Serpent.— Prudence. Santé.
Serpent qui se mord la queue. — Eternité. Persévérance.
Taupe.— Aveuglement de l'esprit.
Tigre. — Colère. Fureur. Cruauté.
Tortue.— Pudeur.
Tourterelle.— Concorde.

EMBLÊMES

DES COULEURS.

Amaranthe. — Indifférence. Immortalité. Constance.
Blanc.— Bonne foi. Pureté. Joie. Innocence. Candeur. Liberté. Modestie.
Blanc mêlé de rose.— Louange.
Bleu. — Pureté de sentiments. Elévation d'âme. Sagesse. Piété.
Brun foncé.— Douleur profonde.
Feuille morte.— Vieillesse. Destruction.
Brun.— Humilité.
Gris.— Douleur tempérée. Mélancolie.
Gris-de-fer.— Courage.
Jaune.— Richesse. Noblesse. Gloire. Splendeur.
Lilas.— Amitié.
Noir. — Deuil. Tristesse. Ténèbres. Mort.
Or (couleur d').—Magnificence. Puissance.

Orangé. — Amour de la gloire. Passion.

Pourpre.— Autrefois c'était la couleur affectée aux Empereurs romains; elle est devenue la marque d'honneur de la haute magistrature : elle signifie puissance suprême.

Rose.— Tendresse. Jeunesse.

Rouge.— Cruauté. Colère. Feu. Zèle. Ardeur.

Vert. — Espérance. Affection. Jeunesse. — Autrefois les banqueroutiers frauduleux étaient obligés de porter un bonnet vert.

Violet.— Constance. Pénitence.

Un ruban nuancé de plusieurs couleurs, signifie : Eloquence. Persuasion. Raccommodement.

Un ruban tramé de deux nuances, faisant couleur changeante, signifie : Légèreté. Inconséquence.

POTENTILLE.

Faiblesse. — Imprévoyance. — Chûte.

REINE-MARGUERITE.

Splendeur. — Elégance. — Aimez à penser à Dieu.

ROSE A CENT FEUILLES.

Beauté parfaite. -- La vraie beauté est en Dieu

ROSES ET PENSÉES.

Innocence parfaite.

COULEURS

APPLIQUÉES A CHAQUE SAISON.

Le Printemps. — Vert tendre.
L'Eté. — Jaune.
L'Automne. — Rouge.
L'Hiver. — Blanc.

COULEURS

APPLIQUÉES A CHAQUE MOIS DE L'ANNÉE.

Janvier . . . Blanc.
Février . . . Couleur arbitraire.
Mars . . . . Rouge-noirâtre.
Avril . . . . Vert.
Mai. . . . . Vert.
Juin . . . . Vert jaunâtre.
Juillet. . . . Jaune.
Août . . . . Couleur de feu.
Septembre . . Pourpre.
Octobre . . . Incarnat.
Novembre . . Feuille-morte.
Décembre . . Noir.

COULEURS

APPLIQUÉES AUX ÉLÉMENTS.

Le Feu. . . Écarlate.
L'Eau . . . Vert clair.
L'Air. . . . Bleu.
La Terre . . Noir.

SYMBOLES ET ENSEIGNES

CARACTÉRISANT LES PEUPLES ANCIENS.

Alains et Suèves.— Un chat.
Athéniens.— Une chouette.
Anciens Bourguignons.— Un chat.
Carthaginois.— Une tête de cheval.
Chinois.—Des queues de cheval ou un dragon
Celtes.— Une épée.
Corinthiens.— Un cheval aîlé ou Pégase.
Druides (chefs des) — Des cerfs.
Gaulois.— Un coq.
Goths. — Un ours.
Lacédémoniens.— La lettre grecque Λ.
Messéniens.— La lettre grecque M.
Péloponésiens.— La feuille de Platane, dont leur pays avait la forme.
Perses.—Un aigle d'or sur un drapeau blanc.
Romains.— Dans le principe, une botte de foin, puis une louve, un cheval, un sanglier, enfin l'aigle. Rome moderne a pour armoiries les clés de St.-Pierre.
Saxons.— Un coursier bondissant.
Thraces.— Une tête de mort.
Vénitiens.— Un lion.

EMBLÊMES

TIRÉS DE DIFFÉRENTS OBJETS.

Agneau immolé sur l'autel.— Sacrifice de Jésus-Christ.

Ampoule (sainte).— Sacre des rois.

Ancres — Espérance. Commerce.

Balance et Epée. — Justice tant civile que criminelle.

Bride.— Modération.

Cachet et Clé.— Fidélité. Secret.

Calice et Hostie dessus. — Eucharistie.

Cendres.— Mort.

Cercle. — Perfection.

Chaînes environnant un globe.— Esclavage.

Chandelier à sept branches. — Les Sacrements.

Cierge pascal. — Lumière de l'Evangile.

Cierge allumé.— Bon exemple.
Clés croisées. — Autorité de l'Eglise. Armoirie du Pape.
Cœur enflammé.— Charité.
Colombe descendant du ciel avec des flammes.— Saint-Esprit.
Colonne taillée dans le roc. — Constance.
Corne d'où il sort des fruits. — Abondance.
Cornes de bœuf.— Travail.
Couronne d'épines.— Pénitence.
Couronne d'étoiles. — Immortalité. Gloire des justes.
Echelle de Jacob.— Contemplation.
Encensoir fumant.— Prière.
Feu et Eau. — Pureté.
Girouette. — Sottise. Instabilité. Frivolité.
Globe surmonté d'une croix. — Le monde soumis à Jésus-Christ.
Lampe. — Etude.
Mains (deux) qui se tiennent. — Fidélité. Bonne foi.
Marteaux et Clous. — Nécessité.
Masque. — Fourberie.
Miroir. — Vérité. Prudence.
Or. — Pureté.
Palme.— Récompense des justes.
Plomb.— Esprit pesant.
Robe blanche.— Baptême de l'innocence.
Roue. — Changement. Instabilité.

Sceptre et Main de justice. — Autorité des Rois.

Soleil et livre ouvert.— Vérité de la religion.

Triangle lumineux. — La Trinité.

Trompettes. — Prédication de l'Evangile.

Vif-argent.— Turbulence. Agitation continuelle chez les enfants.

Voile.— La Foi.

SYCOMORE.

Harmonie. — Espérance et soucis.

TOURNESOL.

Esprit d'Oraison. — Mes regards se tournent vers Dieu. — Reconnaissance.

TULIPES.

Magnificence. — Orgueil.

VIOLETTES.

Humilité.

JEU DES FLEURS.

1. Ce Jeu se compose de soixante-seize cartes sur chacune desquelles se trouve dessinée ou simplement nommée une fleur.

2. Il faut qu'il y ait quatre fleurs ou leurs noms, pour chacune des lettres A. D. E. I. L. O. U. ; trois pour chacune des lettres B. C. F. G. M. N. P. Q. R. S. T. V., et deux pour les autres. C'est-à-dire, deux, trois ou quatre cartes sur lesquelles on aura dessiné ou écrit le nom d'une fleur dont la lettre initiale sera un A, un B, un C, etc.

3. Au moyen de ces cartes qui sont alternativement remises aux joueurs, on doit former un bouquet exprimant une pensée, et on présente ce bouquet à l'un des joueurs ou des joueuses, à son choix. Par exemple, un joueur voulant dire à une dame : *Vous plaisez*, assemblera les cartes représentant ou indiquant les fleurs suivantes :

Véronique. Ortie. Uvulaire. Scabieuse.
V O U S

Pervenche. Lys. Anémone. Immortelle. Sauge. Euphrasia. Zinnia.
P L A I S E Z.

4. La même pensée ne pourra être reproduite deux fois dans le cours du jeu, et celui qui, le premier ne satisfera point à l'article précédent, donnera autant de gages qu'il y aura de joueurs.

5. Le tour se continuera de façon qu'à partir de cette première remise de gages, tous les joueurs aient présenté un bouquet, ou qu'ils aient donné un gage, suivant qu'ils auront ou n'auront pu former le bouquet exigé d'eux.

6. Les gages seront ensuite rendus à ceux qui les auront donnés, comme cela se pratique dans tous les jeux de société.

7. Après les gages rendus, on pourra recommencer, et dans ce cas, les pensées qui auront été formées au tour précédent pourront être reproduites.

8. Pour donner plus d'intérêt à ce jeu, on pourra convenir que les pensées devront être ou obligeantes, ou désagréables ou critiques.

9. S'il y avait plus de quatre joueurs, il faudrait augmenter proportionnellement le nombre des cartes, chacun d'eux ne devant pas en avoir moins de seize, ni plus de dix-neuf, pour former son bouquet.

TABLE.

FIN DE LA TABLE.

OUVRAGES

Qui se trouvent chez le même éditeur et chez les principaux Libraires de la France et de la Belgique.

ART
DE CONFECTIONNER
LES FLEURS ARTIFICIELLES,

ÉDITION DÉDIÉE AUX DAMES

ET AUX JEUNES PENSIONNAIRES,

par **M.me Bl.*****

Volume de format in-18, orné de gravures ; prix : 1 fr. 25 cent.

Parmi les travaux destinés à charmer les loisirs des Dames, le plus agréable est assuré-

K*

ment la confection des fleurs artificielles. Mais pour se livrer convenablement à ce genre d'occupation, il faut ou prendre des leçons d'une personne capable, ce qui est parfois impossible et toujours dispendieux, ou recourir au manuel qui a été publié dans l'intérêt des fabricants, et dont le contenu est inintelligible pour toute autre personne.

Afin de parer aux inconvénients qui viennent d'être signalés, M.me Bl.*** a eu l'heureuse idée de rédiger un ouvrage qui renferme tous les renseignements utiles pour faire soi-même le plus grand nombre des fleurs qui doivent entrer dans un bouquet, dans une corbeille, dans une couronne, une guirlande, un porte-allumettes, un porte-cigarres, etc., etc. Cet ouvrage est celui dont nous venons de donner le titre.

NOUVELLE

GÉOGRAPHIE ÉLÉMENTAIRE,

DESTINÉE AUX ELÈVES DES ÉCOLES

du Département du Nord.

Édition ornée de Cartes et de Figures.

Prix : { broché . . . 40 cent.
{ cartonné . . 50 cent.

Ce volume renferme comme supplément, une notice historique sur l'origine des peuples du département du Nord, ainsi que la topographie et la statistique de chacun des sept arrondissements et des soixante cantons qui le composent.

Son prix, bien inférieur à celui de toutes les géographies élémentaires publiées jusqu'à ce jour, et la spécialité de son contenu, doivent le faire adopter dans toutes les écoles du beau département du Nord.

Le même ouvrage sans le supplément, se vend 30 centimes.

GÉOGRAPHIE
DES ENFANTS,

NOUVELLE ÉDITION,

Prix broché : 20 cent.

JEUX
DE L'ENFANCE
ET DE LA JEUNESSE,

édition ornée de 12 gravures.

Volume de format in-18,
prix : 50 cent.

FLEURS ARTIFICIELLES.

MAGASIN D'OUTILS,

d'Étoffes, de Papiers et d'Apprêts

POUR FLEURS ARTIFICIELLES,

à Lille, grande place, 13, second magasin (celui du fond).

On trouve dans ce magasin, les articles ci-après indiqués :

Etoffes préparées en diverses couleurs. — idem en or et en argent.

Papiers de tous genres et de toutes couleurs.

Paillons en toutes nuances. — Cannetille.

Feuilles et pétales découpés pour toutes sortes de fleurs, en papier ou en etoffe — Cœurs — Pistils — Etamines — Baguettes — Boutons — Fil-de-Fer — Calices — Areignes — Pinces dites Brucelles — Boules — Emporte-pièces — Couleurs en poudre et en liqueur.

Perles de différents genres — Fil apprêté en toutes couleurs — Raisins et autres fruits.

Modèles de Fleurs artificielles ou de fantaisie.

Immortelles de différentes couleurs.

Piquets de Feuilles et de Fleurs de tous genres — Fleurs — Bouquets — Couronnes pour procession ou pour distribution de prix, etc., etc.

Une quantité de menus articles dont le détail serait trop long.

Une demoiselle donnera aux personnes qui le désireront tous les renseignements utiles pour bien faire les fleurs artificielles.

On se charge de découper les Pétales des fleurs les plus connues.

Petits pots en terre cuite, bien tournés, pour y placer des fleurs dans de la mousse. Il y en a de toutes grandeurs, peints en vert avec ornements bronzés. Il y en a aussi sans être peints.

LIBRAIRIE

DE BLOCQUEL-CASTIAUX, A LILLE,

Grande Place, 13.

Extrait du Catalogue général.

(PARTIE INSTRUCTION-ÉDUCATION).

Il est accordé une remise sur les prix indiqués, lorsque l'on prend par douzaine.

Principes de Lecture.

LECTURES GRADUÉES, selon la méthode de l'*abbé Gaultier*; édition illustrée de gravures, in-18, cartonné. Chaque volume. » 75

Il y a trois volumes différents de ces *lectures graduées.*

MÉTHODE DE LECTURE, par *Ed. Gachet*, in-16, oblong. » 25

Idem. Cahier in-12, 23 tableaux; la douzaine de cahiers. 2 »

PREMIÈRE LECTURE AGRÉABLE ET FACILE, à l'usage des écoles primaires, par *Ed. Gachet*, in-12. » 60

TABLEAUX DE LECTURE, par *Ed. Gachet*; chaque (il y en a 15). » 10

Arithmétique.

ABRÉGÉ D'ARITHMÉTIQUE, en usage dans les écoles chrétiennes, in-12, cartonné. » 60

MANUEL D'ARITHMETIQUE, ancienne et décimale, à l'usage des jeunes-gens et de toutes les personnes qui se destinent au commerce, suivi de tables de comparaison des poids et mesures, d'une instruction sur le système métrique, etc., par *Buqcellos*. 1 25

PETIT MANUEL D'ARITHMÉTIQUE, ancienne et décimale, par *Buqcellos*, in-18, fig. » 30

Le même cartonné. » 40

TABLEAUX D'ARITHMÉTIQUE ÉLÉMENTAIRE (il y en a 14), chaque. » 10

TABLES D'ADDITION ET DE MULTIPLICATION, sur une seule feuille; la douzaine. » 40

Étude de la Langue française.

ABRÉGÉ DE LA GRAMMAIRE FRANCAISE, dédiée à mes jeunes amies, par une maîtresse de pension, in-12, cartonné. » 60

ÉLÉMENTS DE LA GRAMMAIRE FRANCAISE, par *Lhomond*, édition corrigée selon l'orthographe de l'académie, in-12, cartonné. » 30

Le même ouvrage suivi de plusieurs traités supplémentaires. » 40

GRAMMAIRE FRANCAISE DÉDIÉE A MES JEUNES AMIES, 1.re partie, in-12, cartonné. 1 25

Seconde partie idem. 1 50

Troisième partie idem. 2 »

Cette grammaire est l'œuvre d'une ancienne maîtresse de pension d'un mérite distingué, et qui a fait un grand nombre d'élèves remarquables par leur instruction.

Histoire Sainte et Histoire de France.

CATÉCHISME à l'usage du diocèse de Cambrai.

HISTOIRE ABREGÉE DE L'ANCIEN TESTAMENT, in-18, fig. » 50

HISTOIRE ABRÉGÉE DE LA VIE ET DES MIRACLES DE N.-S. J.-C., in-18, fig. » 50

HISTOIRE DE L'ANCIEN TESTAMENT, in-12. » 40

HISTOIRE DE LA VIE DE N.-S. J.-C., in-12. » 40

PETIT ABRÉGÉ DE L'HISTOIRE SAINTE, représentée en 80 fig., in-18. » 50

PETITE BIBLE DE FAMILLE, édition ornée de 30 gravures, in-18. » 50

PRÉCIS DE L'HISTOIRE DE FRANCE, à l'usage de la jeunesse, par *Buqcellos*, in-18, 75 portraits. » 30

Le même ouvrage cartonné. » 40

Géographie.

GÉOGRAPHIE DES ENFANTS, nouvelle édition, in-18. » 20

NOUVELLE GÉOGRAPHIE ÉLÉMENTAIRE destinée aux jeunes élèves des pensionnats et des écoles, par *Buqcellos*, in-18, fig. et cartes géographiques. » 30

Le même ouvrage cartonné. » 40

PETITE GÉOGRAPHIE DES JEUNES-GENS, par *Buqcellos*, in-18, fig. » 30

Le même ouvrage cartonné. » 40

LEÇONS DE GÉOGRAPHIE, par *Buqcellos*; édition ornée de figures et de cartes géographiques, in-18, cartonné. » 75

ABRÉGÉ DE LA GÉOGRAPHIE DE CROZAT, 39.e édition revue par *Buqcellos*, ornée de 38 figures et de 5 cartes géographiques, in-12, cartonné. 1 50

PETIT ATLAS à l'usage des commençants (10 cartes géographiques coloriées), cart. 2 »

CARTES GÉOGRAPHIQUES. — Mappemondes. — Cartes des differentes parties du monde. — Cartes de divers arrondissements du département du Nord, etc.

ÉTUDES - DIVERSES.

ABRÉGÉ DE TOUTES LES SCIENCES, ou encyclopédie des enfants, édition totalement refondue et augmentée d'une quantité d'articles; par *Buqcellos*, in-12, 110 gravures. 1 25

BOTANIQUE DE LA JEUNESSE, ou l'art de connaître les végétaux sans maître, par un professeur de Botanique, 2 vol. in-18, dont un de 35 planches. 3 75

Cet ouvrage est le plus complet d'entre ceux qui ont été publiés. Les 35 planches qu'il renferme servent puissamment à l'intelligence du texte.

CIVILITÉ FRANÇAISE; la douzaine. 1 20

CIVILITÉ FRANÇAISE (caractère gothique); la douzaine. 1 50

ENCYCLOPÉDIE DES ENFANTS DE LA CAMPAGNE, ou leçons de lecture imprimées en caractères de diverses grosseurs et de différentes formes, édition augmentée d'un supplément de 48 pages, contenant des renseignements de la plus grande utilité, in-12, avec figures. 1 25

MANUEL DE POLITESSE, imprimé en caractères de diverses formes, pour servir aux exercices de lecture, dans les pensionnats et dans les autres établissements d'éducation.

Les caractères employés sont le romain, l'italique, l'anglaise, la bâtarde, la coulée, la ronde, la gothique, la cursive (17.e siècle), chaque exemplaire cart. » 40

MANUEL ÉPISTOLAIRE DE LA JEUNESSE, ou instruction générale sur les divers genres de correspondance, suivie d'exemples puisés dans les ouvrages de nos meilleurs écrivains, in-18. » 75

PETIT ABRÉGÉ DES LOIS CIVILES ET PÉNALES les plus utiles à connaître, à l'usage des écoles, in-18. » 40

PETIT ABRÉGÉ DES SCIENCES ET DES ARTS, à l'usage des enfants, in-18, 56 fig. » 50

PETIT MANUEL DE POLITESSE, ou nouveau traité de la civilité à l'usage des enfants, par *Bucqellos*; la douzaine. 1 80

LE SECRETAIRE DES ENFANTS, recueil de lettres, compliments, couplets et bouquets pour le premier jour de l'an, les anniversaires, fêtes, etc., etc. » 55

LE SYSTÈME MÉTRIQUE à la portée de tout le monde, par *Blismon*, in-18, 27 grav. » 40

TABLEAU FIGURATIF ET EXPLICATIF DES POIDS ET DES MESURES MÉTRIQUES, feuille grand-raisin. » 40

Le même figures coloriées. » 50

Livres pour exercices de Lecture.

L'ABEILLE DU PARNASSE CHRÉTIEN, ou les vrais ornements de la mémoire, pour l'usage des maisons d'éducation, par *Buqcellos*, in-18. » 50

ABRÉGÉ DES VOYAGES INSTRUCTIFS en Afrique et en Amérique, par *Buqcellos*, in-12, orné de fig. en taille-douce. 1 25

Idem en Europe, en Asie et en Océanie. 1 25

ADRIEN, OU L'ENFANT DOCILE, historiettes et contes, précédés d'alphabets et et d'un syllabaire. fig. in-18. » 30

L'AMI DES ENFANTS, par *Berquin*, in-18, figures. » 50

ANECDOTES CURIEUSES ET INSTRUCTIVES tirées de l'histoire des animaux, pour faire suite au NOUVEAU BUFFON DE LA JEUNESSE, par *Buqcellos*, in-18 grand raisin, orné de gravures. » 75

AVENTURES DE TÉLÉMAQUE, *édition à l'usage des écoles*, suivie d'un dictionnaire mythologique, in-18, fig. » 75

AVENTURES DE TÉLÉMAQUE, *édition classique*, suivie de deux dictionnaires, très-gros volume in-12, 25 gravures. 1 25

Idem, bonne édition de Douai, non classique, in-12. 1 »

BEAU JEU DE LA JOLIE POUPÉE, in-16, figures. » 40

BEAUTÉS DE LA LITTÉRATURE MORALE ET DE L'ÉLOQUENCE RELIGIEUSE, recueil de morceaux en prose, extraits des ouvrages qui ont établi la réputation des meilleurs orateurs les plus célèbres, mis en ordre par *Buqcellos*, in-12, frontispice. 1 25

BEAUTÉS DE L'HISTOIRE DE N.-S J.-C, édition ornée de figures, in-12. 1 »

LE BERQUIN DES DEMOISELLES, in-18. » 50

LE BERQUIN DES PETITS GARÇONS, in-18. » 50

CHOIX DE FABLES D'ESOPE, in-18, fig. » 50

DEVOIRS DU CHRÉTIEN envers Dieu, par *De la Salle*, in-12, cart., belle édition. » »

DIALOGUES ET PETITS CONTES à l'usage de la première enfance, in-18, fig. » 30

L'ÉCOLIER VERTUEUX, par l'abbé *Proyart*, fig., belle édition in-18, » 60

Le même, autre édition, in-18. » 50

L'ÉDUCATION PAR LES EXEMPLES, recueil d'anecdotes instructives, in-12. 1 »

EXERCICES DE LECTURE pour familiariser les enfants avec les manuscrits, 48 pages in-8. » 40

FABLES CHOISIES DE FLORIAN, in-18, figures. » 50

FABLES CHOISIES DE LA FONTAINE, in-18, figures. » 50

LES FABLES DE FLORIAN (édition complète), in 18. » 50

LES FABLES DE LA FONTAINE (édition complète), in-18, fig. » 75

FABLIER DU JEUNE AGE (le nouveau), dédié aux élèves des écoles primaires, par *Buqcellos*, in-18, fig. » 50

HISTOIRE DE JEAN-BART, par *Monblis*, in-18, portrait. » 75

Le même ouvrage, beau volume in-12, portrait. 1 50

HISTOIRE NATURELLE DES ANIMAUX les plus curieux, ou le petit Buffon des enfants, ouvrage orné de 66 grav. color., in-18. » 75

HISTORIETTES ET CONTES A MA PETITE

K*

FILLE ET A MON PETIT GARÇON, in-18, fig. coloriées. » 75

HISTORIETTES ET CONVERSATIONS pour les enfants, in-18, fig. » 30

INSTRUCTION DE LA JEUNESSE dans la piété chrétienne; la douzaine. 1 80

L'INTERPRÈTE DU CŒUR, nouveau poète de famille, compliments et bouquets en vers pour toutes les circonstances. » 75

JÉROME BLUM, suivi de la *Chapelle de la Forêt noire*, in-18. » 50

JEU RÉCRÉATIF DE LA MAISON QUE PIERRE-LE-GRAND A BATIE, in-16, fig. » 40

LES JEUX DE L'ENFANCE ET DE LA JEUNESSE, in-18, fig. » 50

HENRI-BENJAMIN D'EICHENFELS, in-18. » 35

LIVRE DE LECTURE DE L'ÉCOLIER LILLOIS, in-18. » 50

LYDIE DE GERSIN, ou histoire d'une jeune anglaise de huit ans, in-18. » 50

MAXIMES, PAROLES ÉDIFIANTES ET FAITS REMARQUABLES, puisés dans les actes originaux des martyrs, in-12. 1 »

MODÈLES DES JEUNES GENS, par l'abbé *Proyart*, in-18. » 50

LA MORALE CHRÉTIENNE ENSEIGNÉE PAR L'EXEMPLE, par *Buqcellos*, in-12. 1 »

MORCEAUX CHOISIES DE LITTÉRATURE ET DE MORALE, seconde édition publiée par *Buqcellos*, in-12. 1 »

Il y a un choix de morceaux en prose, et un autre en vers; ils se vendent séparément.

NOUVEAUX PETITS SUJETS POUR LE DESSIN, cahier de 6 feuillets, in-8 oblong. » 60

Il y en a de huit sortes.

LE NOUVEAU ROBINSON CRUSOE in-18. » 50

LES ŒUFS DE PAQUES, in-18. » 50

PETIT MAGASIN DES ENFANTS, in-18, 8 fig. coloriées. » 75

PETITS CONTES HISTORIQUES, par Mme *Eugénie de Foa*, 6 petits volumes in-18, belle édition, fig. 1 50

Chaque volume se vend séparément 25 cent.

RECUEIL DES PLUS BELLES FABLES DE LA FONTAINE, in-18, 40 fig. » 30

THÉATRE DE LA JEUNESSE contenant dix pièces morales, 2 vol in-18. 1 25

LE TRÉSOR DES FAMILLES CHRÉTIENNES, in-12. » 90

LES VERTUS DES CHRÉTIENS, histoires édifiantes recueillies par *Buqcellos*, in-18, fig. » 60

VOYAGES IMAGINAIRES, fables et contes, par *Fenélon*, in-18, gravures. » 30

LA VRAIE MORALE MISE EN ACTION, ou choix d'anecdotes chrétiennes, recueillies par *Buqcellos*, in-18. » 60

ARTICLES A L'USAGE DES ASILES.

FEUILLES DE L'ALPHABET ET DU SYLLABAIRE, vingt feuilles différentes, chaque. » 10

FEUILLES DE LETTRES MAJUSCULES ET DE LETTRES MINUSCULES à coller sur des planchettes, pour le pupitre typographique, chaque feuille. » 10

Idem imprimées en rouge, chaque. » 15

ARDOISES ENCADRÉES. » »

CALLIGRAPHIE (ART DE PEINDRE L'ÉCRITURE).

ALBUM de douze Passe-partout, cahier oblong. 1 25

CALLIGRAPHIE A L'USAGE DES PENSIONNATS, 18 exemples par *Midavaine*. 1 25

COURS DE CALLIGRAPHIE de *Schodet*, cahier de 18 exemples. 1 50

Le même 24 exemples. 2 »

EXEMPLES OU MODÈLES D'ÉCRITURE de différents genres ; la douzaine de feuilles. 1 20

MORALE PRATIQUE DE L'ÉCOLIER, six tableaux écrits par *Schodet*, in-folio. » 60

PASSE-PARTOUT POUR COMPOSITION D'ÉCRITURE ; à divers prix.

TRANSPARENTS disposés pour l'usage du cours de Calligraphie de *Schodet* (6 sortes); le cent. 4 »

Autres transparents de diverses sortes.

IMAGES ET ARTICLES DE CLASSES.

Grand assortiment de toutes sortes d'images fines, mi-fines et communes.

Bagues — Reliquaires — Médailles — Croix — Chapelets communs — Idem de différentes matières, garnis en argent — Boîtes à chapelets en coco et autres, etc., etc.

Couvertures pour cahiers de devoirs.

Ardoises — Craie blanche — Crayons d'ardoises — Crayons de mine de plomb — Crayons pour le dessin — Porte-Crayons en cuivre — plumes métalliques — Porte-Plumes — Plumes d'oie — Règles en bois. — Têtes de Lettres pour fêtes ou souhaits de bonne année, etc., etc.

Passe-Partout pour composition d'écriture

Belles couvertures pour cahier de composition.

Collection de Cahiers-registres pour l'étude de la comptabilité commerciale.

Cette collection se compose de neuf cahiers-registres qui se vendent ensemble 3 fr. 50. Ils se vendent aussi séparément à prix relatifs.

Livres pour Distributions de Prix.

Assortiment considérable de livres brochés, cartonnés et reliés, édités par les maisons les plus recommandables, de Paris, Tours, Limoges et autres villes de grande fabrication.

Livrets et petits volumes pour récompenses.

Cahiers, petit in-18 ; le cent (10 sortes). 4 »
Petits volumes in-18 ; le cent (15 sortes). 6 »
Volumes in-18 ; le cent (30 sortes). 7 50
Volumes in-18, plus gros ; le cent (10 sortes). 10 »
Petits cahiers d'images, avec alphabet, in-36 ; le cent (12 sortes). 7 50

Articles pour Distributions de Prix.

PRÉPARÉS *d'Accessit* sur beau papier.
ATTESTATIONS DE PRIX.
COURONNES en feuilles de Laurier, de Chêne ou de Rosier, de 10 à 15 cent. chaque.
Idem mêlées de feuilles d'or ou d'argent, de 20 à 40 cent.
Idem de feuilles d'or ou d'argent, de 35 à 80 cent.
idem soignées avec fleurs en étoffe, de 40 cent. à 1 fr. 50 centimes.
Idem très-soignées, feuillage fin, fleurs et apprêts de premier choix, de 1 80 cent. à 5 francs.

Livres de Prières.

Assortiment complet des livres de prières le plus en usage, en toutes sortes de reliures.

Alphabets, Syllabaires, etc.

Les prix indiqués ci-dessous sont ceux fixés pour les marchands.

A **2** *francs* **50** *centimes le cent.*

NOUVELLE INSTRUCTION CHRETIENNE, pour apprendre à lire aux enfants, 17 grav.

A **3** *francs le cent.*

CROISETTE, ou petite Instruction Chrétienne pour apprendre à lire aux enfants, 26 grav.

A **1** *franc la douzaine.*

ALPHABET POUCE, in-96, orné de 25 lettres allégoriques coloriées d'une teinte.

ALPHABET MIGNON, in-48, orné de 24 grav.

A **1** *franc* **20** *centimes la douzaine.*

SYLLABAIRE RÉCRÉATIF DES PETITS ENFANTS, in-18, orné de 25 gravures.

PETIT ALPHABET ET SYLLABAIRE avec images, in-36. Douze sortes.

A **1** *franc* **80** *centimes la douzaine.*

ALPHABETS ET SYLLABAIRES, ornés de 11 ou 12 planches gravées et coloriées, in-24. Il y en a six sortes.

PETIT ABÉCEDAIRE PARISIEN, 36 grav.

LE TRIPLE ALPHABET ILLUSTRE, dédié aux petits enfants, in-40, papier rose.

A **2** *francs la douzaine assortie.*

ALPHABETS ornés d'un frontispice en taille-douce ou enluminé et de 25 gravures, in-12. Douze sortes différentes.

A **3** *francs la douzaine.*

ABÉCÉDAIRE DES PETITS ENFANTS, 25 figures, in-18.

A 3 francs la douzaine.

ALPHABET DU CHRÉTIEN RELIGIEUX.

——————— ANECDOTIQUE, pour l'usage de mes petits Amis.

——————— INSTRUCTIF DES ARTS ET MÉTIERS.

——————— GEOGRAPHIQUE.

——————— DES ENFANTS VERTUEUX.

——————— MORAL DES JEUNES GENS.

Les six sortes ci-dessus, sont ornées de figures et sont de format in-12.

ALPHABETS ET RECUEILS DE GRAVURES AMUSANTES POUR LES ENFANTS. Douze sortes.

Chacun de ces recueils de format in-16, est proprement broché, il contient des alphabets, un syllabaire, et il renferme des historiettes, des contes ou des explications. Les gravures au nombre de 12 à 16 par receuil, sont toutes coloriées

LE BEAU JEU DE LA JOLIE POUPÉE de la petite Fille bien obéissante, avec des alphabets, un syllabaire et des historiettes, in-16, 8 figures.

JEU RÉCRÉATIF DE LA MAISON QUE PIERRE LE GRAND A BATIE, avec des alphabets et un syllabaire, ornée de 10 figures.

A 3 francs 60 centimes la douzaine.

NOUVEL ALPHABET MNÉMONIQUE, in-18.

ALPHABET DES ARTS ET MÉTIERS, in-18.

A 4 francs 80 centimes la douzaine.

NOUVEL ABECEDAIRE, ou Méthode amusante pour apprendre à lire aux enfants, in-12, 24 figures enluminées.

LILLE. — TYP. DE BLOCQUEL.

www.ingramcontent.com/pod-product-compliance
Ingram Content Group UK Ltd.
Pitfield, Milton Keynes, MK11 3LW, UK
UKHW020310180726
13839UKWH00001B/426